Bibliografische Information der Deutschen Nationalbibliothek:

Die Deutsche Bibliothek verzeichnet diese Publikation in der Deutschen Nationalbibliografie; detaillierte bibliografische Daten sind im Internet über http://dnb.d-nb.de/ abrufbar.

Impressum:

Druck und Bindung: Books on Demand GmbH, Norderstedt Germany
ISBN: 978-3-656-53534-8

Dieses Buch bei GRIN:

http://www.grin.com/de/e-book/232871/kernphysik-und-kernenergie-fluch-oder-segen-fuer-die-menschheit

Alexandre Faar

Kernphysik und Kernenergie. Fluch oder Segen für die Menschheit?

GRIN Verlag

Kernphysik und Kernenergie -

Fluch oder Segen für die Menschheit?

Alexander Farr

Inhaltsverzeichnis

Historische Entwicklung Atommodell

Vor 2500 Jahren verkündete der griechische Philosoph **Demokrit** (* 460 v. Chr.; † 400 v. Chr.), dass die Natur aus unteilbaren Einheiten bestehe. Diese nannte er Atome, welcher Begriff von den griechischen Wörtern ἄτομος und *átomos* abstammt und „das Unteilbare" bedeutet. Danach wurden die Grundbausteine der Materie nicht mehr erforscht oder die Kirche hat die Erkenntnisse verbieten lassen.

Erst im 19. Jahrhundert untersuchte der englische Naturforscher und Lehrer **John Dalton** (* 6. September 1766; † 27. Juli 1844) Atome. Er stimmte Demokrit zu, dass die Atome massiv und damit unteilbar sind. Außerdem stellte er fest, dass es so viele Atomarten wie Elemente gibt.

Der britische Physiker und Nobelpreisträger **Sir Joseph John Thomson** (* 18. Dezember1856; † 30. August 1940) entwickelte das sogenannte Erdbeeren- oder Rosinenkuchenmodell. Danach waren die Atome zwar immer noch massiv, aber er entdeckte die Elektronen. Nach seinem Modell waren innen die positiv geladenen Protonen und außen die negativ geladenen Elektronen wie die Samen auf der Erdbeeroberfläche. Die Elektronen in einer gleichmäßig verteilten, positiv geladenen Masse lassen sich auch mit Rosinen in einem Kuchen vergleichen.

Ernest Rutherford (* 30.August 1871; † 19. Oktober 1937), welcher seit 1931 Baron Rutherford of Nelson hieß, teilte die Radioaktivität in Alpha-, Beta- und Gammastrahlung. Dafür und für den Begriff der Halbwertszeit, welchen er einführte, erhielt er den Nobelpreis für Physik. Er widerlegte das Atommodell von Thomson, der noch von einer gleichmäßigen Massenverteilung im Atom ausging. Dazu untersuchte er die Streuung von Alphateilchen an Goldfolie. Nach dem Rutherforschen Atommodell besteht ein Atom aus einem winzig kleinen positiv geladenen Atomkern, der nahezu die gesamte Masse des Atoms ausmacht. In der etwa zehntausendmal größeren Atomhülle bewegen sich Elektronen, die den Atomkern wie Planet die Sonne umkreisen. Außerdem wies er 1919 mittels eines Experimentes nach, dass durch Bestrahlung mit Alphateilchen ein Atomkern in einen anderen umgewandelt werden kann. (Bei seinem Experiment wurde Stickstoff in das nächst schwere Element Sauerstoff umgewandelt). Damit entdeckte er das Proton.

Das Bohrsche Atommodell, entwickelt von dem dänischen Physiker **Niels Henrik David Bohr** (* 7. Oktober 1885; † 18. November 1962), ist das erste Atommodell, das Ansätze der Quantenmechanik enthält. Nach seinem Modell besteht das Atom aus Atomkern und Atomhülle. Die Elektronen bewegen sich dabei auf „Schalen". Auf der 1. Schale haben zwei Elektronen

Platz, auf den folgenden jeweils acht Elektronen. Außerdem sah er für Elektronen keine festen Bahnen, sondern nur Aufenthaltswahrscheinlichkeiten vor.

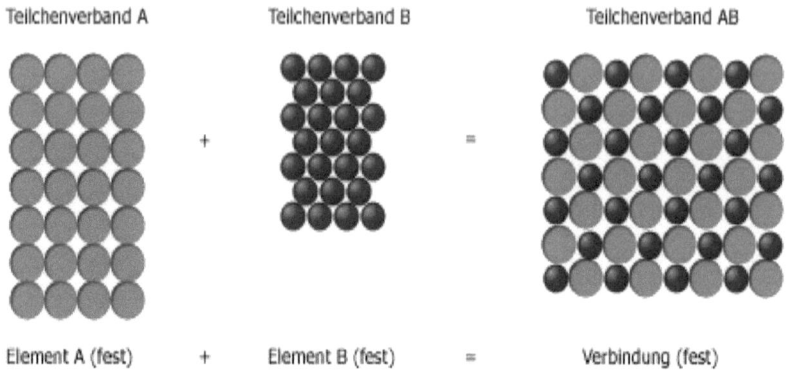

Abb. 1: Daltons Atommodell: Atome als unteilbare Kugeln

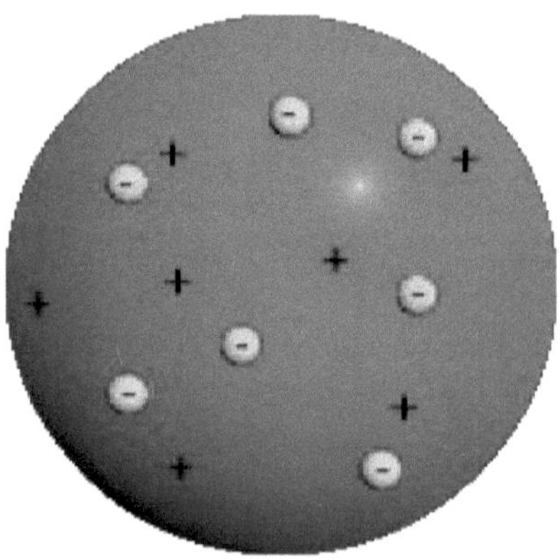

Abb. 2: Thompson Atommodell: innen Protonen, außen Elektronen

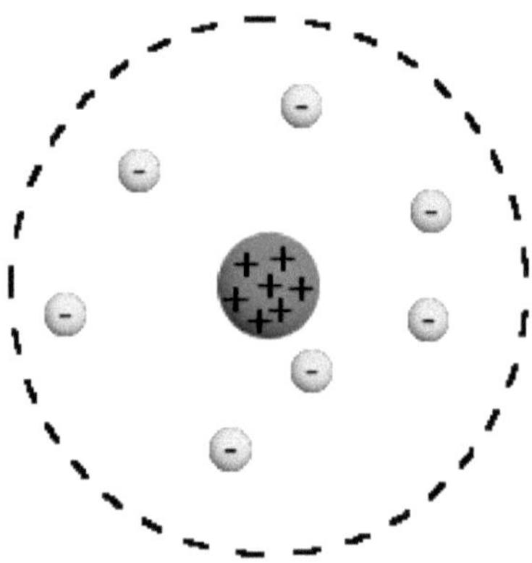

Abb. 3: Atom: winziger und schwer Atomkern umgeben von zehntausenmal größeren Atomhülle

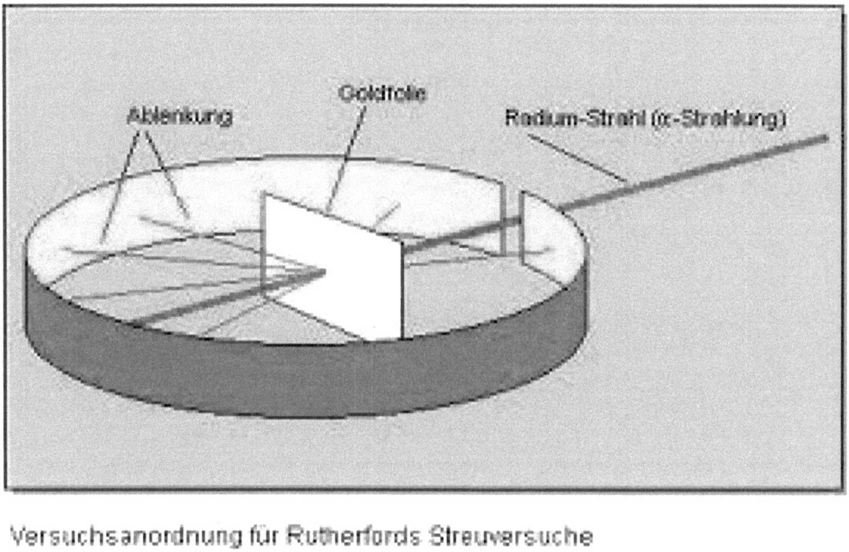

Abb. 4: Versuchsanordnung für Rutherfords Streuversuche

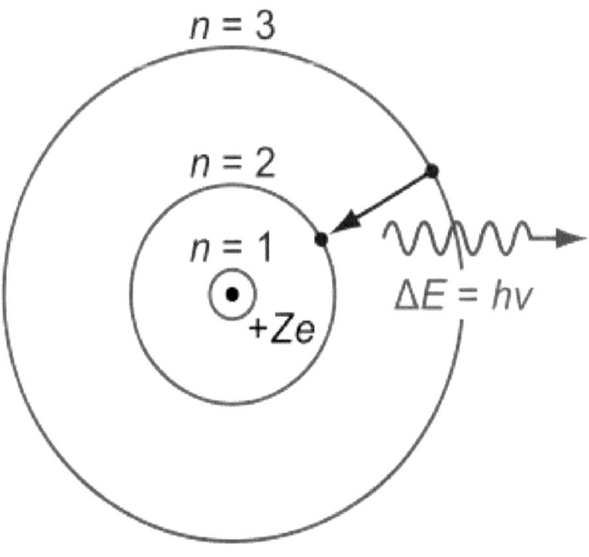

Abb. 5: Atom: Elektronen auf Schalen

Radioaktivität

Radioaktivität, radioaktiver Zerfall oder Kernzerfall tritt bei instabilen Atomkernen auf. Dadurch wandeln sie sich unter Energieabgabe spontan um. Die freiwerdende Energie wird meistens als ionisierende Strahlung, nämlich energiereiche Teilchen und/oder Gammastrahlung, abgegeben.

Der Begriff selbst wurde 1898 von **Marie Curie** (* 7. November 1867;† 4. Juli 1934) geprägt. Entdeckt wurde die radioaktive Strahlung von **Antoine Henri Becquerel** (* 15. Dezember 1852; † 25. August 1908). Die radioaktive Strahlung lässt sich in drei Arten unterscheiden:

- Alphastrahlung: Es handelt sich um eine Teilchenstrahlung, bei der ein Helium-4-Atom mit zwei Protonen und zwei Neutronen Atom ausgesendet wird. Sie hat eine Reichweite von ein Paar Zentimetern und man kann sie schon mit einem Blatt Papier aufhalten. Sie kann durch Nahrung aufgenommen werden und zerstört Zellen im Körper.
- Betastrahlung: Es handelt sich um eine Teilchenstrahlung, bei der Elektronen ausgestrahlt werden. Die Reichweite beträgt mehrere Meter. Sie kann Stoffe besser durchdringen als Alphastrahlung aber zum Beispiel nicht Aluminium. Sie kann am menschlichen Körper zu Verbrennungen und Hautkrebs sowie Schild- drüsenkrebs führen. Des Weiteren wird angenommen, dass sie Knochenkrebs und Leukämie verursacht.
- Gammastrahlung: Es handelt sich um eine elektromagnetische Strahlung, die bei der Umwandlung von Bauteile von Atomen entsteht. Die Strahlen erreichen Lichtgeschwindigkeit und sind sehr energiereich. Damit besitzen sie eine unbeschränkte Reichweite und eine hohe Durchdringbarkeit. Stoffe mit hoher Dichte, wie zum Beispiel Blei, halten einige Strahlen auf. In der Medizin, in der Strahlentherapie, wird Gammastrahlung genutzt.

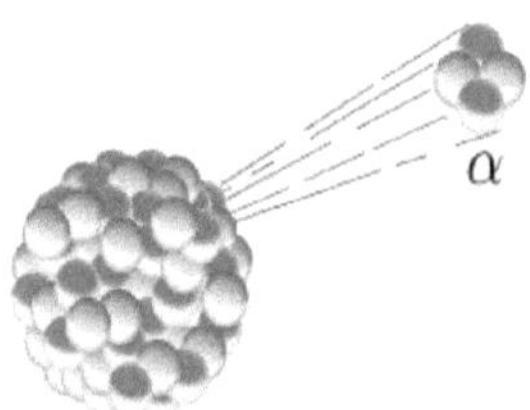

Abb. 6: Alphastrahlung

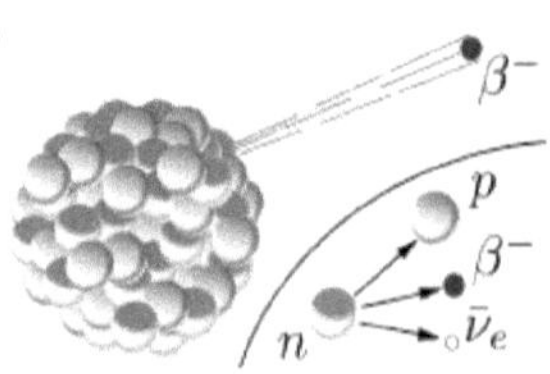

Abb. 7: Betastrahlung

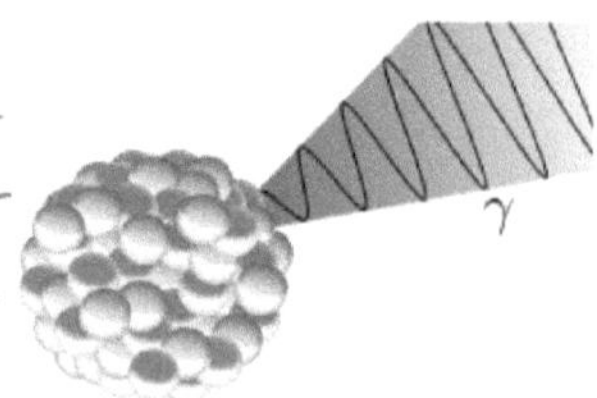

Abb. 8: Gammastrahlung

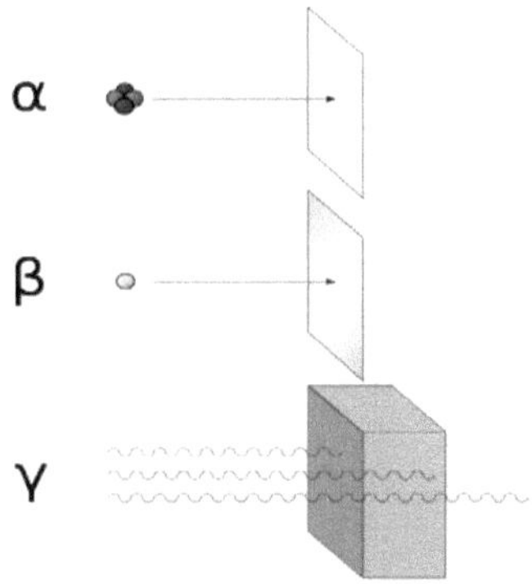

Abb. 9: erforderliche Abschirmung

Generell kommt es zur Radioaktivität, wenn ein Atom zu viele oder zu wenige Neutronen besitzt. In der Isotopenkarte (siehe unten) handelt es sich bei schwarz um ein stabiles Nuklid. Allerdings gibt es ab 126 Neutronen keine stabilen Nuklide mehr. Damit strahlt ein Atom allein wegen seiner Größe . Außerdem fällt auf, dass bis zu 126 Neutronen vor allem Betastrahlung (blau und orange) und über 126 Neutronen Alphastrahlung (gelb) ausgesandt wird.

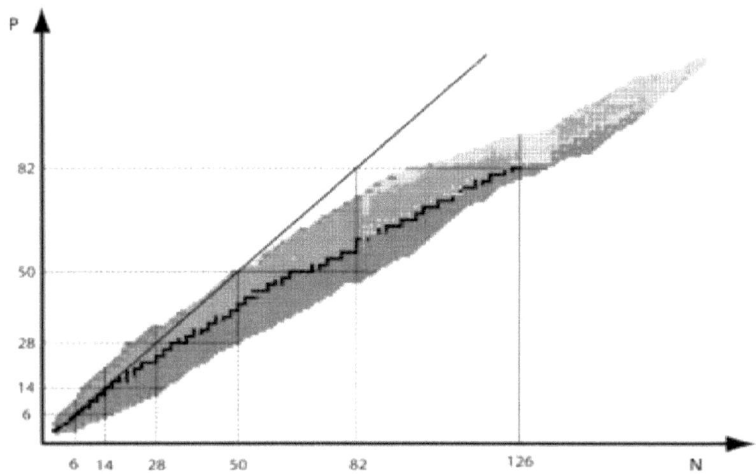

Abb. 10: Isotopenkarte: Verhältnis von Neutronen zu Protonen und daraus entstehende Strahlung

Kernspaltung

Atomkraftwerke und Atombomben basieren auf der Kernspaltung. Bei beiden wird ein Neutron auf einen radioaktiven Stoff geschossen, meistens ist es das Uran-Isotop 235. Das heißt, dass die Massenzahl 235 beträgt, das Isotop also aus 235 Protonen und Neutronen besteht. Wird ein weiteres Neutron auf diesen Stoff geschossen, wird er zu schwer und damit instabil. Er teilt sich in zwei leichtere Atomkerne. Außerdem werden zwei bis drei Neutronen freigesetzt.

Bei Atomkraftwerken werden Neutronen abgefangen, sodass nur ein Neutron zum Fortschreiten der Kernspaltung führt. Bei Atombomben werden keine Neutronen abgefangen, sodass es zur unkontrollierten Kettenreaktion kommt, welche sehr viel schneller abläuft, als der Vorgang im Atomkraftwerk.

Bei der Atombombe wird die „zerstörende Energie“ primär als Lichtstrahlung, Hitze und Radioaktivität sowie sekundär in Form einer Druckwelle freigesetzt. Bei Atomkraftwerken wird vor allem Hitze freigesetzt, welche in elektrische Energie umgewandelt wird.

Energie wird deshalb gewonnen, weil bei der Kernspaltung Masse in Energie umgewandelt wird. Es findet also keine chemische Reaktion statt wie bei der Verbrennung fossiler Energieträger. Die Energieausbeute je kg Brennstoff ist damit etwa 2,5 Millionen Mal höher als bei der Verbrennung von Steinkohle.

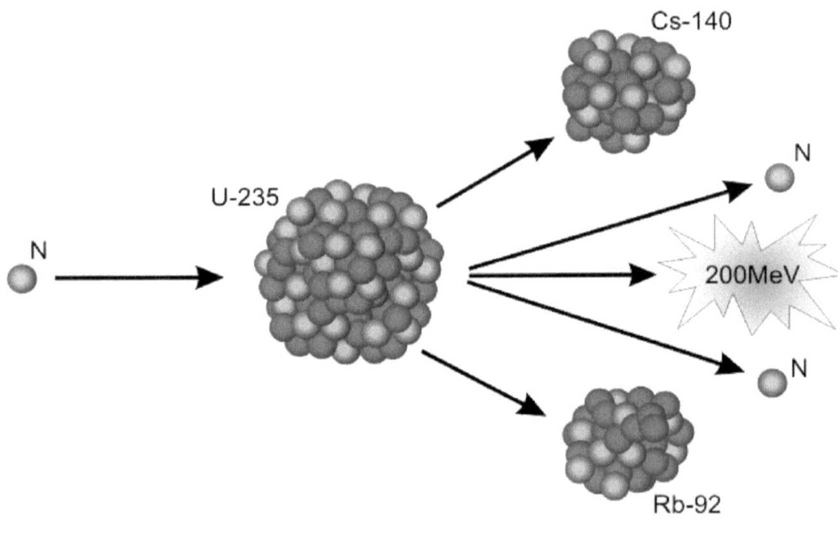

Abb. 11: Kernspaltung

Stromerzeugung im Atomkraftwerk

Ein Kernkraftwerk ist ein Wärmekraftwerk zur Gewinnung elektrischer Energie durch kontrollierte Kernspaltung.

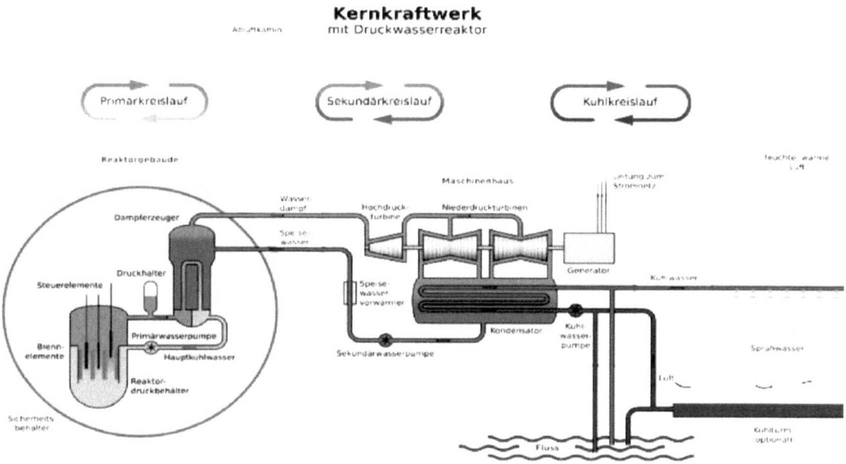

Abb. 12: Prinzip eines Kernkraftwerkes mit Druckwasserreaktor

In Kernkraftwerken mit einem Druckwasserreaktor, der gegenüber dem älteren Siedewasserreaktor sicherer ist, gibt es drei Kreisläufe: Der Primärkreislauf dient zur Kühlung des Reaktors. Der Reaktorkern enthält die Brennelemente, in denen Kernenergie durch kontrollierte Kernspaltung und radioaktiven Zerfall freigesetzt und in Wärme umgewandelt wird. Diese Wärme erhitzt ein Kühlmittel, welches durch den Reaktor gepumpt wird und die Energie aus dem Reaktor abtransportiert.

Die Kernspaltung läuft kontrolliert ab, da die bei der Kernspaltung entstehenden Neutronen teilweise abgefangen werden. Nur ein Neutron führt zur Kernspaltung eines anderen Uran-Atoms. Damit wird eine unkontrollierte Kettenreaktion, wie sie bei der Atombombe stattfindet, verhindert.

In dem Sekundärkreislauf verdampft das Wasser, welches um das Kühlmittel des ersten Kreislaufes fließt. Dieser Wasserdampf treibt eine Hochdruck- und zwei Niederdruckturbinen an, die an einer gemeinsamen Welle mit dem Generator liegen. Der Generator wandelt die kinetische Energie in elektrische um. Strömt der Wasserdampf durch die Turbinen verringert sich sein Druck und er kühlt sich ab. In dem Kondensator kühlt sich der Wasserdampf durch Kühlwasser weiter ab und das Wasser wird nun wieder in das Reaktorgebäude gepumpt. Das Kühlwasser stammt aus dem Kühlkreislauf und fließt in einen Kühlturm oder einen Fluss. In einem Kernkraftwerk findet somit folgende Energieumwandlung statt:

Kernenergie → thermische Energie → kinetische Energie → elektrische Energie

Was spricht für und gegen Atomkraftwerke?

Pro: Kernkraftwerke sind eine umweltfreundliche und billige Energiequelle. Sie liefern billigen Strom und damit bleiben deutsche Unternehmen wettbewerbsfähig. Außerdem sind wir mit Atomkraftwerken unabhängiger, da wir nicht auf so viel ausländisches Gas für Gaskraftwerke angewiesen sind. Zusätzlich müssen wir mit AKWs weniger Strom aus dem Ausland importieren. Des Weiteren gehen durch das Abschalten von Atomkraftwerken Arbeitsplätze verloren. Zudem sind Atomkraftwerke in Deutschland sicherer als im Ausland.

Contra: Trotzdem werden erhöhte Krebsraten in der Nähe von Atomkraftwerken gemessen. Das Uran für die Atomkraftwerke muss wie Gas auch aus Russland und anderen Ländern importiert werden, sodass wir von anderen Staaten abhängig sind. Bei dem Uranabbau werden ganze Landschaften vernichtet. Unfälle bei Kernkraftwerken sind eine stete Gefahr und können ganze Landstriche unbewohnbar machen. Außerdem wurde nach dem Reaktorunfall von Tschernobyl erhöhte Radioaktivität in ganz Europa gemessen. Tausende Menschen starben sofort und hunderttausende an den Spätwirkungen. Des Weiteren mutierten Tiere in der Nähe von Fukushima nach dem letzten Unfall in Japan in 2012. Das größte Problem der Kernkraft stellt jedoch die Entsorgung des Atommülls dar. Da ein Endlager noch nicht gefunden wurde, besteht die Gefahr, dass radioaktive Strahlung freigesetzt wird. Ein Endlager muss sehr lange sicher bleiben, weil die radioaktiven Abfälle Halbwertzeiten von bis zu mehreren tausend Jahren besitzen

Fazit: Atomkraftwerke bergen ein großes Risiko. Allerdings gibt es bisher noch keine andere Möglichkeit der Energiegewinnung, welche CO2-neutral und billig ist. Denn regenerative Energien sind teurer und können erst in der Zukunft genügend Energie liefern, um Atomkraftwerke ersetzen zu können. Außerdem ist erst ein Netzausbau erforderlich, damit der Strom aus erneuerbarer Energie auch zu den wind- oder sonnenarmen Gebieten transportiert werden kann. Mit einem besseren Stromnetz können Windflauten oder bedeckter Himmel besser ausgeglichen werden. Bis dahin sind wir auf Kernenergie als Brückentechnologie angewiesen.

Die Atombombe

Die Atommächte sind durch ihre Unmengen an Atomwaffen in der Lage, die Menschheit mehrfach zu vernichten. Heute sind immer noch 19.000 Atomsprengköpfe vorhanden. Teilweise sind auf einer Atomrakete mehrere Sprengköpfe, sodass durch nur eine Atomrakete fast die Fläche Bayerns vernichtet werden kann. Vor allem wegen Terroristen sind Atombomben eine Gefahr, da sie mit wenigen Knopfdrücken sehr viele Menschen töten können. Atombomben gehören wie Wasserstoffbomben zu den Kernwaffen oder Nuklearwaffen. Nukleus stammt aus dem lateinischen und bedeutet auch Kern.

Anders als Wasserstoffbomben, die auf Kernfusion von Wasserstoff basieren, werden bei Atombomben die Kerne von Uran oder Plutonium gespalten. Wasserstoffbomben wurden nach der Atombombe entwickelt und sind noch sehr viel stärker. So haben moderne Wasserstoffbomben die zweitausendfache Vernichtungskraft der Atombombe, die über Hiroshima abgeworfen wurde.

Um die Explosion auszulösen, also den Kernspaltungsprozess in Gang zu setzen, wurden verschiedene Systeme entwickelt. Die einfachste Methode ist das Gun-Design, bei dem zwei Kernsprengstoffkörper durch eine konventionelle Sprengladung zu einer Masse zusammengefügt werden. Die Atombombe, die über Hiroshima abgeworfen wurde, basierte auf dem Gun-Design. Bei der über Nagasaki abgeworfenen Atombombe handelt es sich jedoch um eine Implosionsbombe. Dabei liegt das spaltbare Material als Hohlkugel vor, welche von Sprengstoff umgeben ist. Bei der Explosion des Sprengstoffes drückt die Druckwelle das Spaltmaterial im Zentrum zusammen. Durch diese Implosion erhöht sich dessen Dichte und es kommt zur Kernspaltung. Es gibt aber auch spezielle Atombomben. So wurde die Neutronenbombe entwickelt, die durch stärkere Neutronenstrahlung besser Panzer durchdringen kann. Die Landschaft wird nicht zerstört, nur die Insassen sterben. Allerdings ist dies ein sehr langsamer und qualvoller Tod, der sich über mehrere Wochen hinzieht.

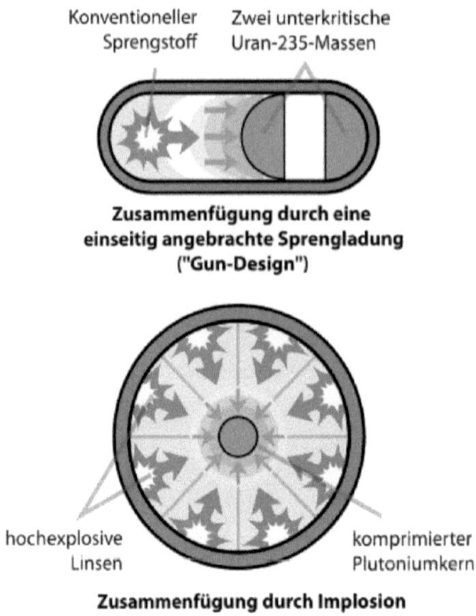

Abb. 13: Gun-Design/ Implosion

Deshalb wurden offiziell alle Neutronenbomben zerstört. Außerdem können Neutronenbomben zur Zerstörung und Abwehr von Atomraketen genutzt werden. Schwache Atombomben, die Mini-Nukes oder Kofferbomben genannt werden, wurden auch wegen der Gefahr durch Terroristen verboten. Die Kobaltbombe, die umgangssprachlich auch schmutzige Bombe genannt wird, wirkt besonders lange und extrem schädigend für die Umwelt. Außerdem besitzen die USA 50 Bunkerbrecher, die sieben Meter in die Erde eindringen und dort Bunker zerstören können.

Altersbestimmung mit der C-14-Methode- Radiokohlenstoffdatierung

Archäologen können mit der C-14- Methode das Alter von Funden bestimmen. Wie der Name schon sagt, beruht sie auf dem Zerfall des Kohlenstoff-Isotops C-14. Dies entsteht in den oberen Schichten der Atmosphäre und wird später von allen Lebewesen aufgenommen. Die Radiokohlenstoffdatierung wurde von dem Chemiker Willard Frank Libby während des Zweiten Weltkriegs entwickelt, als er die Effekte der sogenannten kosmischen Strahlung erforschte. Diese Strahlung trifft andauernd auf die Erde und enthält hochenergetische Neutronen. Diese treffen in der oberen Atmosphäre auf Stickstoff (N-14). Reagieren Stickstoff und die Neutronen aus der kosmischen Strahlung, verliert der Stickstoffkern ein Neutron und es entsteht das Kohlenstoffisotop C-14, welches aus sechs Protonen und acht Neutronen besteht. Es ist radioaktiv und unter Aussendung von Beta-Strahlung zerfällt es wieder zu Stickstoff. Die Konzentration von C-14 in der Atmosphäre ist sehr gering, die nicht radioaktiven Kohlenstoff-Isotopen (C-12 und C-13) kommen etwa eine Billion mal öfter vor. Dennoch nutzen es Pflanzen in Form von CO2 für die Fotosynthese, Tiere und Menschen nehmen es über die Nahrungskette auf. Gleichzeitig entweicht Kohlenstoff wieder in die Atmosphäre wenn Lebewesen atmen. Libby erkannte, dass sich über diesen Kreislauf das Alter von konservierten Pflanzenresten oder Knochen bestimmen lässt: Stirbt der Organismus, nimmt er kein neues C-14 mehr auf, stattdessen sinkt die Zahl der Atome durch den radioaktiven Zerfall. Über die Halbwertszeit, die 5730 Jahre beträgt, lässt sich berechnen, wann der Stoffwechsel aussetzte. Das ist bis zu einem Alter von etwa 60.000 Jahren möglich, da bei älteren Funden schon so viele Atome zerfallen sind. Die Menge an C-14-Isotopen kann mit Hilfe eines Geigerzeigers gemessen werden. Dabei wird der Zerfall der verbleibenden C-14-Kerne anhand der ausgesandten Beta-Teilchen registriert.

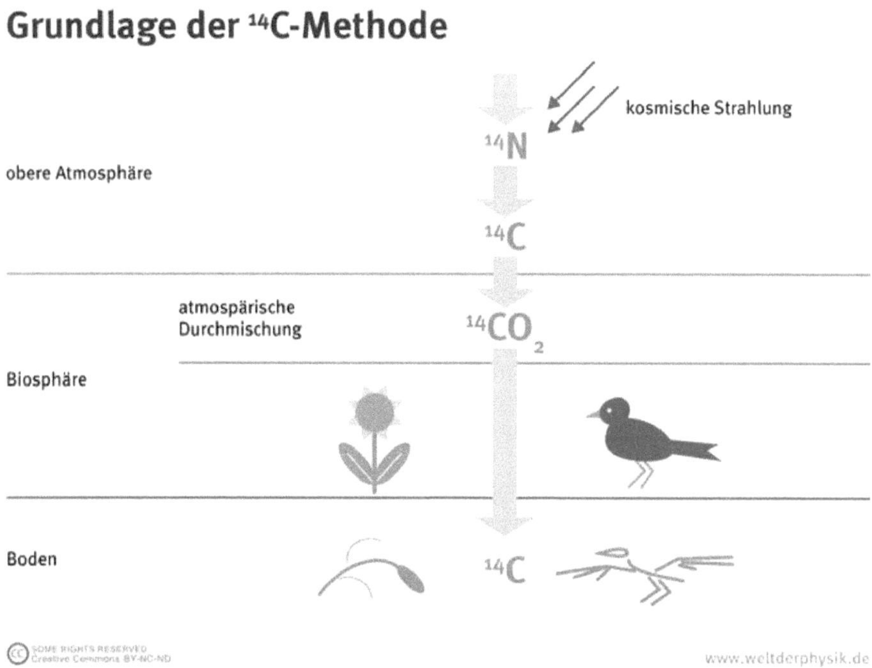

Abb. 14: Grundlage der C-14-Methode

Fazit

Die Entdeckung der Kernspaltung hat viele Neuerungen gebracht. Anwendungen in der Medizin, der Forschung und auch Atomkraftwerke haben uns viele Vorteile beschert. In der Medizin wird Betastrahlung eingesetzt, um Krebs zu heilen. Mit der C-14-Methode können Forscher das Alter von Funden bestimmen und damit erfahren wir mehr über unsere Geschichte. Mit Kernkraftwerken wird billiger Strom produziert, für dessen Herstellung kein CO2 freigesetzt wird. Zudem sind regenerative Energien teurer und können erst in der Zukunft nach einem Netzausbau genügend Energie liefern, um Atomkraftwerke ersetzen zu können. Bis dahin sind wir auf Kernenergie als Brückentechnologie angewiesen. Wie auch bei Dynamit wurde bei Atombomben angenommen, dass sie aus Angst vor der Vergeltung nicht eingesetzt werden würden und damit der Abschreckung dienen. Viele Experten sind auch der Meinung, dass Atombomben den Ausbruch des Kalten Krieges verhindert haben.

Allerdings haben sie im zweiten Weltkrieg über Hiroshima und Nagasaki tausende Opfer gefordert. Auch bei Atomwaffentests werden ganze Gebiete zerstört und unbewohnbar gemacht. Da die radioaktiven Spaltprodukte und auch die Abfälle von Kernkraftwerken Halbwertszeiten von mehreren tausend Jahren besitzen, bleiben die kontaminierten Gebiete für unzählige Generationen unbewohnbar. Obwohl die deutschen Atomkraftwerke als besonders sicher gelten, kann es in der Zukunft zu Unfällen kommen. Außerdem wurden erhöhte Krebsraten in der Nähe von Atomkraftwerken gemessen. Bei Atomkraftwerken ist jedoch die Abfallentsorgung das größte Problem. Denn es wurde noch keine geeignete Endlagerstätte gefunden, sodass die Gefahr besteht, dass radioaktive Strahlung freigesetzt wird. Deshalb bin ich froh, dass die Bundesregierung den Atomausstieg verkündet hat, da so kein neuer Atommüll produziert wird. Atombomben sind Massenvernichtungswaffen, unter denen die Menschheit leidet und sich fürchten muss. Deshalb dürfen sie auch nicht mehr in der zivilen Verwendung (zum Beispiel zur Schaffung von Wasserbecken für Stauseen in Russland) zum Einsatz kommen und sie dürfen auf keinem Fall in die Hände von Terroristen fallen.

Abbildungsverzeichnis

Abb. 1: http://www.jbk.ch/lap/images/chemie/modellvorstellung.gif , eingesehen am: 17.12.12

Abb. 2: http://de.wikipedia.org/wiki/Thomsonsches_Atommodell , eingesehen am: 17.12.12

Abb. 3: http://upload.wikimedia.org/wikipedia/commons/7/7d/Rutherfordsches_Atommodell.png, eingesehen am: 17.12.12

Abb. 4: http://www.uniterra.de/rutherford/gif/kap009b.gif, eingesehen am: 17.12.12

Abb. 5: http://de.wikipedia.org/w/index.php?title=Datei:Bohr-atom-PAR.svg&filetimestamp=20071116134247, eingesehen am: 17.12.12

Abb. 6: http://de.wikipedia.org/w/index.php?title=Datei:Alpha_Decay.svg&filetimestamp=20071005004924 , eingesehen am: 18.12.12

Abb. 7: http://de.wikipedia.org/w/index.php?title=Datei:Beta-minus_Decay.svg&filetimestamp=20071005033349 , eingesehen am: 18.12.12

Abb. 8: http://de.wikipedia.org/w/index.php?title=Datei:Gamma_Decay.svg&filetimestamp=20071005040224 , eingesehen am: 18.12.12

Abb. 9: http://de.wikipedia.org/w/index.php?title=Datei:Alfa_beta_gamma_radiation.svg&filetimestamp=20091227215834 , eingesehen am: 18.12.12

Abb. 10: http://www.radioaktive-strahlung.org/radioaktivitaet/zerfall.htm , eingesehen am: 18.12.12

Abb. 11: http://upload.wikimedia.org/wikipedia/commons/5/5c/Kernspaltung.png ,eingesehen am: 3.01.13

Abb. 12: http://de.wikipedia.org/w/index.php?title=Datei:Kernkraftwerk_mit_Druckwasserreaktor.png&filetimestamp=20090701213617 , eingesehen am: 18.12.12

Abb. 13: http://de.wikipedia.org/w/index.php?title=Datei:Fission_bomb_assembly_methods_de.svg&filetimestamp=20090815124007 , eingesehen am: 3.01.13

Abb. 14: http://it-material.de/IT-online5/wp-content/uploads/2010/09/C14-Methode_rdax_640x480.png , eingesehen am: 4.01.13

Quellen

http://de.wikipedia.org/wiki/Joseph_John_Thomson , eingesehen am: 17.12.12

http://de.wikipedia.org/wiki/Ernest_Rutherford , eingesehen am: 17.12.12

http://de.wikipedia.org/wiki/Radioaktivität , eingesehen am: 17.12.12

http://www.radioaktive-strahlung.org , eingesehen am: 17.12.12

http://de.wikipedia.org/wiki/Alphastrahlung , eingesehen am: 17.12.12

http://de.wikipedia.org/wiki/Kernkraftwerk , eingesehen am: 18.12.12

https://www.maxenergy.de/system/files/2012_12_20_Stromaustausch%20Deutschland.pdf , eingesehen am: 3.01.13

http://www.pro-und-kontra.info/energie/atomkraft/ , eingesehen am: 3.01.13

http://www.weltderphysik.de/thema/alltag/c-14-methode/ , eingesehen am: 4.01.12

Wagner, Hermann-Friedrich: Kernspaltung, in: weltderphysik, http://www.weltderphysik.de/gebiet/technik/energie/energiequellen/kernspaltung/ ,13. 11.2006, eingesehen am: 24.11.2012

Uni Bonn:http://www.iap.uni-bonn.de/P2K/isotopes/index.html, eingesehen am: 24.11.2012 Leifiphysik: http://www.leifiphysik.de/web_ph10/umwelt-technik/13kkw/spaltung.htm, eingesehen am: 24.11.2012

Beisel, Dieter: Bomben-Stimmung- Ein deutscher Flugzeug-Konstrukteur wollte beim Bau der Atombombe den Amerikanern den Rang ablaufen, in Deutsches Museum, http://www.deutschesmuseum.de/fileadmin/Content/data/Insel/Information/KT/heftarchiv/1990/14-4-10.pdf , April 1990, eingesehen am: 23.11.12

Koselleck, Reinhardt; Streit, Ludwig: Taktische Kernwaffen: die fragmentierte Abschreckung, Virginia: 2008

von Ardenne, Manfred: Effekte der Physik und ihre Auswirkungen, Harri Deutsch Verlag 2005

J. Lemmerich, Deutsches Museum, Hahn-Meitner-Institut für Kernforschung Berlin: Die Geschichte der Entdeckung der Kernspaltung, Berlin: Technische Universität 1988

Milde, Frank: Atombombe und Funktion, GRIN Verlag 2008

Dr. habil Gau, Barbara et. al.: Physik 9/10 Gymnasium Berlin, Berlin: Duden Paetec

Schulbuchverlag 2008

Mayer-Kuckuk, Theo: Kernphysik: Eine Einführung, Vieweg+teubner Verlag 2002